QUELQUES RECHERCHES

RELATIVES A LA

MÉCANIQUE DU MUSCLE

PAR

Maurice MENDELSSOHN

DE Saint-Pétersbourg.

(Communication faite à la Société de Biologie, séance du 29 octobre 1881.)

QUELQUES RECHERCHES

RELATIVES A LA

MÉCANIQUE DU MUSCLE

———

Je désire présenter à la Société de biologie quelques résultats où m'ont conduit des recherches relatives aux propriétés mécaniques du muscle, que j'ai entreprises dans le laboratoire de M. le professeur Marey, au Collège de France. Je n'entrerai pas ici dans la discussion des faits ni dans les détails de la méthode dont je me suis servi au cours de ces recherches. La méthode en question a été du reste analogue à celle qui a servi pour les expériences que j'ai entreprises sur le tonus musculaire et que j'ai communiquées à la Société dans sa séance du 15 octobre courant. J'ajouterai seulement que j'ai employé toujours comme excitateur la décharge d'un condensateur traversant la bobine inductrice. Je m'étais en effet assuré préalablement, par des recherches spéciales, que cette méthode d'excitation électrique, proposée par M. d'Arsonval, fatigue beaucoup moins le nerf et le muscle et permet ainsi de prolonger l'expérience sans craindre que les effets de la fatigue viennent modifier les résultats obtenus. Les courbes musculaires que j'ai obtenues ainsi ont été du reste présentées par M. d'Arsonval au congrès électrophysiologique, à l'appui de ce qu'il avançait.

En me réservant de publier autre part la description détaillée des procédés employés, ainsi que la discussion des résultats obtenus, je me bornerai à donner ici un simple résumé des conclusions qui me semblent pouvoir être tirées de mes investigations sur la *hauteur de soulèvement*, sur *l'extensibilité élastique* et sur *l'extensibilité supplémentaire* des muscles.

A. — *Sur la hauteur de soulèvement des muscles.*

Comme *hauteur de soulèvement*, on désigne en myophysiologie la hauteur à laquelle un muscle est capable de soulever une charge dès qu'il est mis en activité. Cette hauteur peut être appelée aussi *hauteur de projection*, et à proprement parler c'est cette dernière hauteur que nous observons le plus souvent sur nos graphiques. Elle varie suivant les différents états du muscle et est en rapport intime avec la grandeur de la charge et avec l'intensité de l'excitation qui met en jeu l'activité du muscle.

Voici ce que j'ai constaté :

1º La hauteur de soulèvement diminue à mesure que la charge augmente, jusqu'à un certain moment où le muscle ne peut plus soutenir celle-ci, et alors la hauteur de soulèvement est nulle. Mais cette diminution ne commence qu'à partir d'une certaine charge, tandis qu'au début de l'application des charges croissantes on observe que les premières hauteurs qui correspondent à des charges très faibles sont plus petites que celles qui correspondent à des charges un peu plus grandes. C'est seulement à partir de ce moment où les charges sont *un peu plus grandes* que les hauteurs de soulèvement commencent à diminuer en raison inverse de l'augmentation de la charge. Ce fait est d'autant plus évident que :

a. La différence des poids des deux charges successives est plus petite ;

b. Que l'intervalle entre l'application des deux charges est plus court ;

c. Et que les excitations du muscle se suivent plus rapidement.

Moins ces conditions sont remplies, moins le fait est appréciable, de sorte qu'on peut parfois ne pas l'observer du tout, et voir la diminution de la hauteur du soulèvement se produire dès le commencement de l'application des charges croissantes. Voilà pourquoi, selon nous, ce fait n'a pas été constaté par tous les expérimentateurs.

2º L'intensité d'excitation électrique exerce une influence notable sur la hauteur du soulèvement. Celle-ci augmente graduellement avec l'augmentation du courant électrique jusqu'à un certain degré maximum, à partir duquel la hauteur reste la même, alors même qu'on augmenterait encore davantage l'intensité du courant. Chose curieuse, cette hauteur devenue constante est inférieure à la hauteur maximum correspondant à une intensité de courant plus faible. D'autre part, si l'on vient à diminuer le courant, les hauteurs de soulèvement diminuent dans le même ordre ; mais chaque hauteur correspondant à une intensité donnée du courant pendant sa diminution est plus petite que celle qui correspond à la même intensité pendant l'augmentation.

3o La *fermeture du courant* électrique (décharge de condensateur traversant la bobine inductrice) appliquée comme excitation donne une hauteur de soulèvement plus grande que l'ouverture;

4o La *fatigue* diminue la hauteur de soulèvement du muscle. J'ai examiné de deux façons l'influence de la fatigue sur la hauteur du soulèvement : tantôt j'ai examiné cette hauteur pour une charge donnée avant et après avoir fatigué le muscle par des excitations électriques très nombreuses et fréquemment répétées ; tantôt j'ai examiné la série des hauteurs de soulèvement atteintes par un muscle soumis à une charge donnée sous l'influence d'un grand nombre d'excitations d'une intensité égale. Dans ce dernier cas, j'ai pu constater une diminution graduelle de la hauteur de soulèvement, surtout à partir de la centième excitation environ ; mais cette hauteur, quoique considérablement diminuée, peut être encore visible à la deux-centième excitation.

5o L'arrêt de la circulation augmente, au début, la hauteur de soulèvement, puis il la diminue graduellement.

6o L'élévation de la température du muscle augmente aussi sa hauteur de soulèvement jusqu'à un certain degré, qui pour les différentes grenouilles varie de 24o à 30o c. En élevant la température du muscle à plus de 24o à 30o c., sa hauteur de soulèvement diminue jusqu'à devenir nulle. Le muscle chauffé à une température plus élevée ne peut plus soulever aucun poids.

7o Dans tous les cas, l'augmentation et la diminution de la hauteur de soulèvement du muscle pour une charge donnée sous les différentes influences sont d'autant plus évidentes que le poids est plus petit.

B. — *Sur l'extensibilité élastique et sur l'extensibilité supplémentaire.*

Nos recherches sur l'*extensibilité élastique* initiale et sur l'*extensibilité supplémentaire* nous ont fourni les résultats suivants :

1o L'extensibilité diminue *sous l'influence de charges croissantes*, mais non pas en raison de l'accroissement de la charge : de telle sorte que la diminution est beaucoup plus frappante pour des charges petites que pour des charges plus grandes. Pour chaque muscle, certaines charges successivement appliquées produisent le même allongement. La valeur de ces charges est voisine de celles qui, selon MM. Marey et Boudet (de Paris), produisent la limite d'élasticité.

2o L'extensibilité augmente sous l'influence de la *fatigue,* sous l'influence de l'*arrêt de la circulation* et de la *section du nerf.*

3o Elle augmente dans le *muscle tétanisé.* Dans la constatation de cette augmentation, on doit tenir compte de la longueur du muscle, qui en état de tétanos est fortement raccourci. Or, dans cet état, un poids donné allonge le muscle relativement beaucoup plus que dans l'état de repos.

Il nous reste à signaler ce qui a trait à l'*extensibilité supplémentaire* et à son rapport avec l'extensibilité initiale et avec la secousse musculaire.

On sait que l'extensibilité supplémentaire consiste en ce que l'allongement d'un muscle pour une charge donnée n'atteint pas immédiatement son maximum, mais continue encore pendant quelques instants.

J'ai constaté que :

1o L'extensibilité supplémentaire augmente avec *des charges croissantes,* mais seulement pour des charges très faibles. Au contraire, elle diminue avec des charges croissantes considérables. Entre ces deux limites, il y a de certaines charges pour lesquelles l'extensibilité supplémentaire reste toujours la même. L'augmentation et la diminution de l'extensibilité supplémentaire sous l'influence des charges croissantes ne sont pas du tout proportionnelles à l'augmentation et a la diminution de l'allongement initial du muscle. Ainsi, tandis que cette extensibilité supplémentaire est très petite pendant l'application de la première charge (à peine 0,1 partie de l'allongement initial, elle devient très grande déjà à l'application de la troisième charge, et dépasse alors souvent deux fois l'allongement initial. Pendant l'application des charges suivantes, elle diminue considérablement, de sorte que, pour certaines charges, elle est égale à cet allongement initial ; puis, quoiqu'elle diminue toujours, elle dépasse l'allongement initial, qui diminue dans des proportions plus considérables.

2o Pour constater tous ces faits, il faut observer l'extensibilité supplémentaire pendant cinq à dix minutes. Elle est encore pendant dix à quinze minutes visible à l'appréciation graphique.

3o L'extensibilité supplémentaire, ainsi que l'extensibilité élastique initiale, est influencée par la fatigue, par la section du nerf moteur et par l'arrêt de la circulation.

4o Elle exerce une grande influence sur la contraction musculaire. La courbe de la secousse musculaire obtenue pendant la période de l'extensibilité supplémentaire du muscle diffère très sensiblement de celle qui a été obtenue avant son allongement. Ainsi, dans le premier cas, elle ne revient pas à l'abscisse ; sa descente est, comparativement à la partie ascendante, plus longue et plus inclinée vers l'abscisse. Le muscle semble garder après la contraction un état de raccourcissement.

En terminant notre communication, nous ajouterons qu'en poursuivant ces recherches, qui touchent de si près la question de l'élasticité musculaire, nous sommes arrivé à conclure : que *l'élasticité du muscle est très imparfaite* et que déjà à de faibles charges le muscle reste un peu distendu après l'enlèvement de la charge et ne revient à sa longueur primitive qu'à des charges extrêmement faibles. Cette distension ultérieure, consécutive à l'allongement du muscle sous l'influence d'une charge donnée, est en raison directe de la grandeur de la charge et de la durée de son application.

Paris. — Imprimerie Ed. Rousset et Cie 7, rue Rochechouart.

73